BEI GRIN MACHT SICH IHR WISSEN BEZAHLT

- Wir veröffentlichen Ihre Hausarbeit,
  Bachelor- und Masterarbeit

- Ihr eigenes eBook und Buch -
  weltweit in allen wichtigen Shops

- Verdienen Sie an jedem Verkauf

Jetzt bei www.GRIN.com hochladen
und kostenlos publizieren

Städtische Erneuerung. Der Umgang mit der Vergangenheit in Stadterneuerungsprojekten

Daniel Thalhamer

Bibliografische Information der Deutschen Nationalbibliothek:

Die Deutsche Nationalbibliothek verzeichnet diese Publikation in der Deutschen Nationalbibliografie; detaillierte bibliografische Daten sind im Internet über http://dnb.d-nb.de abrufbar.

ISBN: 9783346963611
Dieses Buch ist auch als E-Book erhältlich.

© GRIN Publishing GmbH
Trappentreustraße 1
80339 München

Druck und Bindung: Books on Demand GmbH, Norderstedt Germany
Gedruckt auf säurefreiem Papier aus verantwortungsvollen Quellen

Das vorliegende Werk wurde sorgfältig erarbeitet. Dennoch übernehmen Autoren und Verlag für die Richtigkeit von Angaben, Hinweisen, Links und Ratschlägen sowie eventuelle Druckfehler keine Haftung.

Das Buch bei GRIN: https://www.grin.com/document/1415221

TRACES, MEMORIES. DEALING WITH THE PAST IN URBAN REGENERATION PROJECT

Bachelorseminar aus Humangeographie: Urban regeneration: Between innovation and challenges

Daniel Thalhamer

Inhaltsverzeichnis

Einleitung

In der folgenden Seminararbeit werde ich den Umgang mit der Vergangenheit in Stadterneuerungsprojekten behandeln. In meiner Arbeit werde ich im Speziellen einer Frage nachgehen: Welche Möglichkeiten bringt die Vergabe eines UNESCO-Weltkulturerbestatus und welche Chancen bzw. Herausforderungen bedeutet das für Städte in Bezug auf Stadterneuerungsprojekte?

Frei nach der Soziologin Monica de Frantz, möchte ich darauf hinweisen, dass Wien aufgrund seines symbolischen und politischen Status als Hauptstadt, mit einem bedeutenden kulturellen Angebot ein optimales Umfeld bietet, um die politischen Möglichkeiten und Schwierigkeiten zu veranschaulichen, die mit kulturellen Erneuerungsstrategien verbunden sind. Genau deswegen, weil Wien ein derart gutes Beispiel für die Schwierigkeiten zwischen Stadterneuerungs- und Erhaltungsprojekten darstellt, wird meine Arbeit das Hauptaugenmerk auf Wien legen. Hierbei möchte ich vor allem die diversen Nutzungskonflikte beleuchten. Das sehr aktuelle „Heumarktprojekt" wird ebenso eine Rolle spielen, wie die städtebaulichen Pläne eines Leseturms beim Museumsquartier, die letztenendes abgesagt wurden. Dennoch ist es von großer Bedeutung, auch über den Tellerrand hinaus zu blicken. Aus diesem Grund werden neben der österreichischen Bundeshauptstadt Wien auch erwähnenswerte Beispiele aus Deutschland behandelt werden. Im Konkreten werde ich neben der österreichischen Hauptstadt noch die Fallbeispiele Dresden (Elbtal) und Hamburg (Speicherstadt) behandeln. Außerdem wird die Seminararbeit auf die wesentlichen Aspekte, die die Vergabe des UNESCO-Weltkulturerbestatuses mit sich bringt eingehen. Ein besonderes Augenmerk wird vor allem auf den Themen Massentourismus (Overtourism) und der Disneyfizierung von regenerierten historischen Zentren liegen. Im Mittelpunkt steht aber das ambivalente Verhältnis zwischen den Erhaltungsprozessen bzw. den Vergangenheitsprozessen von Städten und deren Erneuerungsmaßnahmen. Am Ende soll klar ersichtlich sein, dass das Erbe ein soziales Konstrukt darstellt und welche Chancen die Bewilligung des UNESCO-Weltkulturerbestatus für Städte beinhaltet. Weiters soll aber auch ersichtlich werden, welche möglichen Opfer Stadtbewohner bringen müssen, um solch einen Status erhalten zu können. Im Zuge der Seminararbeit werde ich mich vor allem auf die Methode der Literaturrecherche spezialisieren. Ich werde unter anderem auf Werke von Monica De Frantz ("From Cultural Regeneration to Discursive Governance: Constructing the Flagship of the 'Museumsquartier Vienna' as a Plural Symbol of Change."), Markus Frühauf („Einzigartiges Weltkulturerbe Deutschland - Österreich – Schweiz."), Uwe Altrock (Quartiersentwicklung und Welterbe – Herausforderungen und Tendenzen.") und Frank Pieter Hesse (Urban Development towards Modernism – The Birth of the Metropolitan Harbour and Commercial Districts.) eingehen.

UNESCO-Weltkulturerbe

Eine Definition

Die UNESCO hat 1972 das internationale Übereinkommen zum Schutz des Kultur-und Naturerbes der Welt verabschiedet. Bis heute wurde es von insgesamt 176 Staaten unterzeichnet. Somit stellt es das international bedeutendste Instrument der Völkergemeinschaft zum Schutz des kulturellen und natürlichen Erbes der Menschheit dar. Den Mittelpunkt der Welterbekonvention stellt die Idee des gemeinsamen Menschheitserbes dar. Dieses gemeinsame Erbe beinhaltet, dass einzigartige Kultur- und Naturstätten wie z.B. das historische Zentrum von Wien, die oberösterreichische Marktgemeinde Hallstatt oder die Speicherstadt Hamburg nicht dem Staat gehören, in dessen Territorium sie sich befinden, sondern als Eigentum der gesamten Menschheit angesehen wird. Aus dieser Information ergibt sich die Schlussfolgerung, dass wenn eines dieser wertvollen Natur- oder Kulturgüter zerstört oder verfällt, es ein Verlust für alle Völker der Welt darstellt und laut der Konvention eine weltweite Gefahr bedeutet, die zur Verarmung an kultureller Diversität führt.[1] Da der Verlust von solchem Kulturerbe die gesamte Menschheit betrifft, muss sich auch die gesamte Weltbevölkerung gemeinsam für den Schutz und Instandhaltung des Welterbes verantwortlich fühlen. Dies besagt in angebrachter Kürze zusammengefasst, der Status eines UNESCO-Weltkulturerbes.

Tourismusmagnet

Der Status des UNESCO-Weltkulturerbes ist unter anderem deswegen so beliebt, weil er vor allem medial als regelrechter Tourismusmagnet bezeichnet und daher auch von der Gesellschaft so angesehen wird. Grundsätzlich kann gesagt werden, dass die Aufnahme einer Stätte in die UNESCO-Welterbeliste mit der Aufnahme eines Fußballvereins in die Champions League verglichen werden kann. Als Beweis dafür kann etwa die deutsche Stadt Quedlinburg angeführt werden. Die Stadt, die sich im Landkreis Harz befindet, wurde zu großen Teilen im Dezember 1994 von der UNESCO zum universellen Kulturerbe der Menschheit ernannt. Von diesem Zeitpunkt an, sind die Übernachtungszahlen in der mittelalterlichen Bilderbuchstadt um mehr als das Tausendfache gestiegen. Einen solchen Effekt haben sich auch die Tourismusexpert*innen der Region nicht erträumen lassen.[2] In Deutschland ist jedoch bereits seit einiger Zeit eine Diskussion darüber entbrannt, ob der begehrte Status zu oft vergeben wird. Aktuell befinden sich in Deutschland über vierzig Welterbestätten. Aus diesem Grund

---

[1] Tauschek, Markus: Kulturerbe. Eine Einführung. Berlin: Reimer Verlag 2013.
[2] S. Siegesmund, C.-H. Friedel, J. Vogel, S. Mosch, D. Naumann, A. Peter, H. Giesen: Stability assessment of sandstones from the St. Servatius Church in Quedlinburg (UNESCO's World Heritage Site, Germany). In: Environmental Earth Sciences 63/ 2011.

sprechen Expert*innen davon, dass der UNESCO-Welterbestatus wohl an Wertschätzung verlieren würde, wenn der Titel schier wahllos an bewerbende Stätten verliehen wird. Auch die Frage nach den tatsächlichen Auswirkungen auf den Tourismus wird häufig umstritten. Vor allem am Beispiel des Dresdner Elbtals könnten Mutmaßungen erschlossen werden, die zeigen, dass die bisher angenommenen Tourismusströme in dieser Form durch die Statusverleihung nicht angezogen werden. In Österreich befinden sich aktuell zehn Welterbestätten. Neun davon sind als Weltkulturerbe zu werten, eines davon als Weltnaturerbe. Zwei der Weltkulturerbestätten befinden sich in Wien (Schloss Schönbrunn und historisches Zentrum).

Weltkulturerbe und Stadterneuerung

Das UNESCO-Weltkulturerbe zeigt wohl wie keine andere Konvention, das ambivalente Verhältnis zwischen der Vergangenheitsbewältigung einer Stadt und deren Erneuerungsprozessen auf. Schlagworte wie Pufferzonen, Sichtachsen und denkmalverdächtige Häuser sorgen in solchen Nutzungskonflikten stets für Probleme. In einigen Stätten (z.B. im oberösterreichischen Hallstatt) erlaubt es die UNESCO nicht, Hinweisschilder an Hausfassaden anzubringen. Aus diesem Grund stehen oftmals vermeintlich zu strenge Auflagen der Denkmalschützer*innen in der Kritik der Anrainer*innen. Insbesonders heimische Unternehmer*innen wie Hotel- oder Restaurantbesitzer, können ihre Betriebe aufgrund strikter Verordnungen nicht renovieren bzw. ausbauen.

Sowohl die ungeklärte Frage der Auswirkungen auf den Tourismus als auch die großzügige Vergabe des Welterbestatus und die teilweise überdurchschnittlich strengen Auflagen sorgen vielerorts für Zündstoff zwischen den Anrainer*innen und den Denkmalschützer*innen. Der Umgang mit der Vergangenheit wird noch brisanter, wenn man auf die „Disneyfizierung" mancher Städte eingeht. Der Begriff der „Disneyfizierung" behandelt ein architektursoziologisches, städteplanerisches Phänomen. Es bezeichnet, eine neuartige Konstruktion des Verhältnisses „Stadt-Raum-Gesellschaft".[3] In disneyfizierten Städten werden sämtliche, von der Gesellschaft scheinbar unerwünschte Aspekte „entfernt". So findet man zum Beispiel in zahlreichen historischen Städten flächendeckend nahezu keine Obdachlosen, Bettler*innen oder Alkoholsüchtigen mehr. Die hierbei konstruierte Parallelwelt gleicht einer Walt Disney-artigen Scheinwelt, die die Augen vor der gesellschaftspolitischen Realität verschließt und jeglichen Diskurs ausschließt.

In den folgenden Kapiteln, wird exakt dieses zwiespältige Verhältnis zwischen Stadterneuerung und Vergangenheitsbewahrung an konkreten Beispielen erläutert und aufgeschlüsselt.

---

[3] Alan E. Bryman: The Disneyization of Society. Sage Publications 2004.

In Wien befinden sich zwei UNESCO-Weltkulturerbestätten. Einerseits das Schloss Schönbrunn mit seinen Gärten, andererseits das historische Zentrum von Wien. Das folgende Kapitel wird sich mit dem historischen Zentrum beschäftigen. Im Zuge der 25. Sitzung des UNESCO-Welterbekomitees im finnischen Helsinki am 13. Dezember 2001 wurde das historische Zentrum von Wien zum UNESCO-Weltkulturerbe ernannt. Die folgende Begründung wurde damals angeführt: „die städtebaulichen und architektonischen Qualitäten des historischen Zentrums von Wien überragende Zeugnisse eines fortwährenden Wandels von Werten während des zweiten Jahrtausends sind."[4]

Das genaue Areal, das zum Weltkulturerbe gezählt wird, wird in der folgenden Abbildung deutlich. Der rot umrandete Bereich bildet die Kernzone des historischen Zentrums. Der blaue Bereich bildet die Pufferzone ebendieser. Die Kernzone besteht im Wesentlichen aus dem gesamten ersten Bezirk (ausgenommen dem Uferbereich Donaukanal) sowie über Teile des dritten, vierten, siebten und neunten Bezirks. So beinhaltet der historische Kern vor allem die mittelalterliche Kernsubstanz, große Bauwerke der Barockzeit und natürlich die Ringstraßenzone mit all ihren Besonderheiten. Die blau umrandete Pufferzone wird im Norden von der Brigittenauer Lände abgegrenzt und umschließt im Wesentlichen Teile der Landstraße, Teile der Josefstadt, den Schaumburgundergrund, die alte bzw. neue Wieden etc.[5]

Anm. der Red.: Diese Abb. wurde aus urheberrechtlichen Gründen entfernt.

Quelle: Stadt Wien

Kulturerbe vs. Bauprojekte

Die überörtliche Aufmerksamkeit, die mit dem Erhalt des Welterbestatus einhergeht, scheint oftmals die einzige Auswirkung zu sein, die lokale Entscheidungsträger*innen beachten. Dass mit genau dieser Aufmerksamkeit auch ein großes Maß an Verantwortung einhergeht, scheint oftmals nicht bedacht zu werden. Diejenigen historischen Ensembles, denen es gelingt, sich eine lebendige Nutzungsvielfalt zu bewahren und den tagesaktuellen Bedürfnissen der Anrainer*innen zu entsprechen, wird mit der Vergabe des Weltkulturerbestatus eine große Hürde in den Weg gestellt. Unumstritten gibt es auch in Wien immer wieder Nutzungskonflikte zwischen Stadtplanern und Denkmalschützern. In den letzten Jahrzehnten kam es aufgrund von geplanten Bauprojekten, immer wieder zu großer Kritik durch die UNESCO. Obwohl die

---

[4] UNESCO: http://whc.unesco.org/pg.cfm?cid=31&id_site=1033 (21.01.21).
[5] Österreichische UNESCO-Kommission: https://www.unesco.at/kultur/welterbe/unesco-welterbe-in-oesterreich/historisches-zentrum-von-wien (21.01.21).

Stadtplaner in Wien grundsätzlich sehr nachhaltig vorgehen, mussten einige Projekte nach umstrittenen Diskussionen wieder abgesagt werden. So war der Bau eines riesigen Hochhauses im dritten Bezirk, in Wien Mitte, geplant. Aufgrund von enormem Druck durch die UNESCO, wurde dieser geplante Bauplan schnell wieder verworfen. Ein weiteres äußerst brisantes Beispiel, stellt der geplante Bau eines Leseturms am Museumsquartier dar. In den 1990er-Jahren wurde der Wiener Messepalast zum heutigen Museumsquartier umgebaut.[6] Die Architekten Ortner & Ortner haben damals den Zuschlag erhalten und einen sechzig Meter hohen Lese-Turm geplant. In den 1990er-Jahren hatte man den

Quelle: Ortner & Ortner

UNESCO-Status allerdings noch nicht erlangt. Als die österreichischen Boulevardmedien die Bevölkerung gegen den Turmbau mobilisierten, entschied man schnell, den Bau in der geplanten Form nicht durchzusetzen. Zu groß war auch bei der Wiener Stadtregierung, die Angst vor einer eventuellen Absage durch die UNESCO. Aber auch Touristiker*innen haben damals Druck ausgeübt, weil sie sich durch den Erhalt des UNESCO-Status, neue Rekordzahlen bei den Hotelnächtigungen versprachen.

In den letzten Jahren erhitze jedoch vor allem ein geplantes Projekt die Gemüter und sorgte für Diskussionen bis in die hohe österreichische Politik: Der Bau des Hochhauses am Heumarkt, auf dem Gelände des ehemaligen Wiener Eislaufvereins. Dieser Bau sollte laut der Wiener Stadtregierung unbedingt umgesetzt werden und war der UNESCO von Beginn an ein Dorn im Auge. Die UNESCO befürchtete, dass man von den Gärten des Belvederes nicht mehr uneingeschränkt auf den ersten Bezirk sehen könnte und das Weltkulturerbe damit unwiederbringlich zerstört werden würde. Nun stellt sich zuallererst die Frage, warum dieses Projekt unbedingt umgesetzt werden sollte. Die beiden betroffenen Liegenschaften, der „Wiener Eislaufverein" und das „Hotel InterContinental" sind aufgrund ihrer langen Tradition stark im Bewusstsein der Wiener Bevölkerung verankert.[7] Aus diesem Grund versuchten die Projektbetreiber*innen seit Beginn des „Heumarktprojekts" im Jahr 2009 eine intensive Kommunikationsbasis mit den umliegenden Anrainer*innen zu pflegen. Aufgrund der hohen Brisanz dieses Projekts, riefen die Initiatoren eine eigene „Dialog-Ausstellung" ins Leben, um

---

[6] De Frantz, Monica: From Cultural Regeneration to Discursive Governance: Constructing the Flagship of the 'Museumsquartier Vienna' as a Plural Symbol of Change. In: International Journal of Urban and Regional Research 29 (2005-03), S. 50-66.

[7] Stadtpsychologie: https://stadtpsychologie.at/der-canaletto-blick-und-das-heumarkt-projekt/ (02.02.21).

die Bevölkerung über den fortlaufenden Projektfortschritt zu informieren. Während das geplante Bauprojekt bei Teilen der Bevölkerung, aber vor allem in Architekturkreisen viel Applaus erntete, erfuhr es seitens der Denkmalschützer*innen immer mehr Kritik. Der Entwurf des Architekten Isay Weinfeld war der UNESCO schlichtweg zu hoch. Der daraus entstandene Interessenskonflikt spaltete die politischen Parteien, aber auch die Wiener*innen in zwei verschiedene Lager. Als sich die Boulevardmedien mehr und mehr auf die Seite der Gegner*innen des Baus schlugen, drohte das Projekt gänzlich abgesagt zu werden. Spätestens als die UNESCO mit einer Aberkennung des Weltkulturerbestatus drohte, waren die Anrainer*innen und Entscheidungsträger*innen zum Teil sehr besorgt. Aus diesem Grund brachten die Projektbetreiber*innen einen neuen Vorschlag in Spiel: Das Hochhaus um einige Stockwerke zu verkürzen. Doch auch dieser Vorschlag fand bei der UNESCO keinen Anklang. Mittlerweile sank das Verständnis der Bevölkerung, warum die Stadtregierung unbedingt auf dieses Projekt beharrte. Grund dafür war wohl primär ein fortschrittlicher Stadterneuerungsgedanke. In Österreich besitzt der Tourismus einen maßgeblichen Anteil an der immer größer werdenden Bedeutung des Dienstleistungssektors. Neben dem Skitourismus zählt hierbei vor allem der Städtetourismus zu den bedeutendsten Segmenten. Dabei sollte man vor allem die Städte Salzburg und Wien betrachten. Aus diesem Grund ist es durchaus verständlich, dass die Stadt Wien architektonisch einzigartige Hotelbauwerke, wie das geplante Heumarktprojekt, umsetzen möchte. Hierbei muss auch die Thematik des „Overtourism" genannt werden. „Overtourism" bedeutet, eine touristische Entwicklung, bei der Konflikte zwischen den Einheimischen und Besucher*innen entstehen.[8] Während Salzburg aufgrund der Größe bereits lange damit zu kämpfen hat, verspürt auch Wien, insbesondere der erste Bezirk, seit einiger Zeit die Auswirkungen dieser Entwicklung. Durch die Tatsache, dass das Heumarktprojekt als touristische Attraktion und als Hotel geplant war, kann es durchaus als Merkmal des „Overtourism" bezeichnet werden. Dass sich die UNESCO, die mit dem Weltkulturerbe-Titel eigentlich als Tourismusankurbelungsmaschine gilt, eben genau gegen den Bau dieses Projekts ausspricht, kann nahezu als Ironie des Schicksals angesehen werden.

Nachdem der Wiener Gemeinderat im Juni 2017 den Bau des Hochhauses am Heumarkt letzten Endes doch beschloss, reagierte die UNESCO sehr zügig. Am 6. Juli 2017 setzte das UNESCO-Welterbekomitee das historische Zentrum auf die Rote Liste des gefährdeten Welterbes. Dies war für Österreich ein völliges Novum und hinterließ bei einigen Entscheidungsträger*innen einen großen Schreck. Die Wiener Stadtregierung wurde dadurch zum Umdenken angeregt und änderte den Hochhausplan, indem sie die Höhe um sechs Meter verkürzen wollten. Doch das reichte der UNESCO nach wie vor nicht. Im Jahr 2019 stand dann

---

[8] Ko Koens, Albert Postma, Bernadett Papp: Is Overtourism Overused? Understanding the Impact of Tourism in a City Context. In: Sustainability. Band 10, Nr. 12, 2018.

im Raum, dem historischen Zentrum von Wien endgültig den Status abzuerkennen. Die UNESCO entschied sich jedoch anders und gab der Republik Österreich von da an zwei Jahre Zeit, um Maßnahmen zum Schutz des Weltkulturerbes einzusetzen und zu konkretisieren. Aus diesem Grund wurde die Republik Österreich tätig und reichte zu Beginn des Jahres 2020 einen Maßnahmenplan zum Schutz des Welterbes beim UNESCO-Zentrum in Paris ein. Im Zuge der möglichen Aberkennung des Welterbestatus wurden einige Stimmen von Gegnern der Denkmalschützer*innen laut, die die Wirkung des Status auf den Tourismus bezweifelten. Ganz allgemein stellten sie die Frage, ob der Erhalt des Status diesen Aufwand überhaupt wert wäre. Sie behaupteten, dass es fast unmöglich wäre, in einem so großen Bereich wie dem Wiener Stadtkern gänzlich auf Stadterneuerungsprozesse zu verzichten bzw. sich den strikten UNESCO-Verordnungen zu beugen. Es wurde die Meinung verbreitet, dass die Anrainer*innen in Zukunft immer häufiger unter den strengen internationalen Vorgaben leiden werden würden. Der Wiener Tourismusdirektor Norbert Kettner stellte der Wiener Gesellschaft die Frage, warum das gesamte Stadtzentrum ein Kulturerbe bleiben müsse. Auch er vertrat die Meinung, dass sich durch den Titel aus touristischer Sicht nichts verändert hätte. Immer mehr Stimmen wurden laut, dass die Aberkennung des Status aus touristischer Sicht für weltbekannte Städte wie Wien völlig obsolet wäre.[9] Als Beispiele zogen sie unter anderem auch die deutsche Stadt Dresden heran.

Dresden

Die sächsische Landeshauptstadt Dresden blickt in den letzten Jahren auf eine sehr außergewöhnliche Geschichte im Zusammenhang mit dem Status des UNESCO-Weltkulturerbes zurück. Rund um die Dresdner Elbe befindet sich ein für Großstädte sehr unüblicher, überdurchschnittlich dünn besiedelter Bereich. Dieser Bereich wird Kulturlandschaft Dresdner Elbtal genannt. Im Jahr 2004 wurde der einzigartigen Landschaft der UNESCO-Weltkulturerbestatus zuerkannt. In Bezug auf den UNESCO-Konflikt mit lokalen Stadterneuerungsprojekten, insbesondere im Zusammenhang mit Mobilität und Infrastruktur, zeigte das Dresdner Elbtal wohl weltweit als erste westliche Welterberegion, einen Weg vor, der sich nicht sämtlichen Auflagen der UNESCO fügte.[10]

Der Dresdner Brückenstreit

In der zweiten Hälfte des 20. Jahrhundert hatte die Stadt Dresden mit immer größer werdendem Verkehrsaufkommen zu kämpfen. Aus diesem Grund war von da an der Bau einer

---

[9] Daniels, Uwe: Die Bedeutung der UNESCO-Welterbestätten für den Tourismus in NRW, dargestellt an den Beispielen von Bad Aachen und Essen. Magisterarbeit, Technische Hochschule Aachen 2004.
[10] Frühauf, Markus. : Einzigartiges Weltkulturerbe Deutschland - Österreich - Schweiz. Gütersloh [u.a.]: Wissen-Media-Verlag 2009. Print. Bertelsmann Atlantica.

zusätzlichen Brücke im Gespräch. Eine weitere Elbüberquerung sollte den extremen Straßenverkehr nachhaltig entlassen. Der Plan der Brücke wurde in den 1990er-Jahren konkretisiert. Geplant war der Bau einer vierspurigen „Waldschlösschenbrücke". An dieser Stelle tat sich der „Dresdner Brückenstreit" auf. Brückenbefürworter auf der einen Seite, die das Verkehrsaufkommen endlich entlasten wollten und auf der anderen Seite die Brückengegner, deren Angst darin bestand, dass eine zusätzliche Brücke die einzigartigen Naturräume für immer beschädigen könnte. [11]

UNESCO-Statusaberkennung

Die UNESCO erhielt bereits vor der Vergabe des Weltkulturerbestatus Informationen über den geplanten Brückenbau. Heute behaupten sie jedoch, damals falsche Pläne von der Stadtregierung erhalten zu haben. So kam es, dass dem Dresdner Elbtal im Jahr 2004 der Status als UNESCO-Weltkulturerbe anerkannt wurde. Im Jahr 2005 fand eine Abstimmung der Dresdner*innen über den Bau der „Waldschlösschenbrücke" statt. Diese ging mit einer 2/3-Mehrheit für den Brückenbau aus. Ein Jahr nach der Abstimmung, 2006, startete der Bau der Brücke. Das hatte zur Folge, dass die UNESCO das Dresdner Elbtal auf die Rote Liste des gefährdeten Welterbes setzte.

Dieses Ultimatum der UNESCO hatte eine Kette an jahrelangen politischen und juristischen Auseinandersetzungen zur Folge. Mit der Setzung der Region auf die Rote Liste, folgten zahlreiche Umplanungen, Baustopps, Umweltgutachten, Bürger*innenbegehren usw. Ein noch schärferer Konflikt zwischen Stadterneuerungsbefürworter*innen und Denkmalschützer*innen entbrannte. Eine bisher in solcher Intensität nie dagewesene Diskussion über die infrastrukturelle und logistische Erleichterung des Autoverkehrs und den Wert eines urbanen Naturraumnaherholungsgebiets beschäftigte die Stadtbewohner*innen über Jahre hinweg. Letzten Endes wurde die Waldschlösschenbrücke aber trotz Bedenken und Konsequenzandrohungen durch die UNESCO ohne Adaptierungen erbaut. Das hatte zur Folge, dass das UNESCO-Welterbekomitee am 23. Juni 2009 das Dresdner Elbtal mit einer Stimmenmehrheit von 14:5 von der Welterbeliste gestrichen hat.

Das Beispiel des Dresdner Elbtals ist im Zusammenhang von Vergangenheitsbewältigung und Stadterneuerungsprozessen deswegen so interessant, weil es als Bilderbuchbeispiel für die angesprochenen Nutzungskonflikte bezeichnet werden kann. Im Vergleich zum vorhergehenden Beispiel der Stadt Wien, haben sich in Dresden die Befürworter*innen von Stadterneuerungsprozessen sowie die autofahrenden Anrainer*innen gegen die Denkmalschützer*innen durchgesetzt. Nun bleibt die Frage, welche Konsequenzen die

---

[11] Reuband, Karl-Heinz: Der Dresdner Brückenstreit Und Das Weltkulturerbe. Der Einfluss Kultureller Wertorientierungen Auf Die Einstellungen Der Bürger. Sociologia Internationalis 53.2 2015. S. 221-233.

Aberkennung des Welterbetitels hatte. Kurz und knapp könnte man die Frage damit beantworten, dass der Schritt der UNESCO für die Stadt Dresden keine spürbaren Konsequenzen zur Folge hatte. Weiters konnte nachgewiesen werden, dass der Tourismus sich durch die Statusaberkennung nicht verringerte. Aus diesem Grund kann Dresden auch als Beispiel herangenommen werden, wenn es um die Diskussion der Tourismusauswirkungen des UNESCO-Weltkulturerbestatus geht.

Hamburg

Bei Hamburg handelt es sich aus Sicht der UNESCO um ein durchwegs erfreulicheres Beispiel. Im Jahr 2015 wurde der Hamburger Speicherstadt und dem Kontorhausviertel mit dem angehörigen Chilehaus der UNESCO-Weltkulturerbetitel zu erkannt. Diesen Erfolg hatte man sich in Hamburg jedoch jahrzehntelang hart erarbeitet. Seit jeher hat man sich in Hamburg für eine denkmalgerechte Nutzung und eine nachhaltige Verordnung zur Gestaltung der Speicherstadt eingesetzt. Hier war von Beginn für alle Beteiligten das Ziel, dass man den UNESCO-Welterbetitel unbedingt erreichen will. Die Stadt Hamburg hatte in beiden Arealen, sowohl in der Speicherstadt als auch im Kontorhausviertel das Glück, mit Eigentümer*innen zu arbeiten, die für sich mit dem Ziel der Welterbenominierung nicht nur einverstanden waren, sondern dieses auch befördern wollten. Dies taten sie, indem sie die Bauten denkmalgerecht nutzten, pflegten und erhielten.[12]

Speicherstadt und Hafencity

Während des zweiten Weltkriegs wurde die Speicherstadt zerstört und zerbombt. Aus diesem Grund musste man sie nach dem Krieg wiederaufbauen. Teile der Speicherstadt waren durch Bombenangriffe irreparabel zerstört, weswegen man diese gänzlich neu rekonstruieren musste. Nach dem erfolgreichen Wiederaufbau kümmerte sich die Hamburgische Hafen- und Logistik AG um den Erhalt der Speicherstadt. Ebendiese AG initiierte letzten Endes auch gemeinsam mit dem Denkmalschutzamt die nachhaltige Umnutzung der Speicherstadt. Hierfür wurden die einzelnen Speicherblöcke Zug um Zug geplant und letztlich konversiert worden. Diese Umnutzungen sind zwar nicht immer konfliktfrei abgelaufen, man hat es aber stets geschafft, Streitereien möglichst zügig beizulegen. Heute befinden sich in den konversierten Speicherblöcken zahlreiche Künstlerateliers, junge Startups und andere innovative Betriebsstätten. Diese denkmalschutzgerechte Umnutzung kann durchaus als großer Erfolg bezeichnet werden. Der Stadt Hamburg ist damit gelungen, woran viele andere Städte scheitern: Eine Brücke zwischen Stadterhaltung und Stadterneuerung so zu schlagen, dass

---

[12] Altrock, Uwe: Quartiersentwicklung und Welterbe – Herausforderungen und Tendenzen. In: Welterbe, Denkmäler: Herausforderungen und Ambivalenzen der Erinnerungskultur. HCU Hamburg 2015.

nahezu alle Interessensgruppen zufrieden gestellt sind. Die Speicherstadt ist heute ein lebendiges und kreatives Viertel. Sie verbindet die Hamburger City mit der Hafencity.[13] Darüber hinaus wurde die Speicherstadt zu einem beliebten Ort für Veranstaltungen, Museen, Touristen etc. Aktuell arbeiten die Entscheidungsträger*innen daran, nachhaltiges Wohnen in der Speicherstadt zu ermöglichen. Ein entsprechender Bericht, der die denkmalpflegerischen Voraussetzungen berücksichtigt, wird derzeit von der UNESCO geprüft.

Wie kam es aber dazu, dass man im Jahr 2015 den Zuschlag des UNESCO-Titels erhielt? Das hatte zu einem großen Teil mit dem Bau der Hamburger Hafencity zu tun. So lautete konkret der zwölfte Schritt des Bebauungsplans der Hafencity: „Speicherstadt (Hamburg-Mitte): Entwicklung der Speicherstadt und Sicherung der Speicherstadt als denkmalgeschütztes Gesamtensemble."[14] Den Welterbestatus erhielt man aber nicht zuletzt deswegen, weil alle Beteiligten an einem Strang gezogen haben. Eine nachhaltige Unterstützung erhielt der UNESCO-Antrag sowohl von sämtlichen Behörden als auch von den Eigentümer*innen. Mittlerweile ist eine Verordnung zur Gestaltung der Speicherstadt erlassen worden, die auch in Zukunft eine einheitliche Herangehensweise gewähren soll. Die Verordnung sichert das vorhandene Erscheinungsbild vor irreparabler Zerstörung und unkontrollierten Eingriffen. Ein zusätzliches Erhaltungskonzept der Speicherstadt, hebt die Potentiale und Perspektiven der Speicherbaute und der gesamten Hafencity hervor. Das Konzept formuliert gestalterische Anforderungen an dieses historisch geprägte Stadtviertel. Es wird also auch weiterhin unter Absprache mit der UNESCO an nachhaltigen Konzepten zur Weiterentwicklung gearbeitet. Dadurch kann die Speicherstadt wohl als Vorbildrolle für den Erhalt historischer Gebäude in Absprache mit nachhaltige Stadterneuerungsprozessen angesehen werden.

Resümee

Das Verhältnis zwischen Stadterneuerungsprozessen und Erhaltungsmaßnahmen ist eine Hürde, die vielerorts nicht bestritten werden kann. Die Vergabe eines UNESCO-Welterbestatus bringt zwar mit Sicherheit einige Chancen und Möglichkeiten, die Herausforderungen für Städte werden dadurch aber mit Sicherheit nicht geringer. Die UNESCO agiert als internationaler Gesetzgeber und sitzt auf lokaler sowie internationaler Ebene mit am Verhandlungstisch. Für die heimische Bevölkerung notwendige Stadterneuerungsmaßnahmen werden dadurch oftmals über Jahre hinweg in die Länge gezogen. Das Beispiel Dresden zeigt jedoch, dass die UNESCO keineswegs allmächtig ist.

---

[13] Gert Kähler: Geheimprojekt HafenCity oder Wie erfindet man einen neuen Stadtteil? Hrsg. v. Volkwin Marg. Dölling und Galitz, München/Hamburg 2016.

[14] Ralf Lange u. a.: HafenCity + Speicherstadt. Das maritime Quartier in Hamburg. Junius-Verlag, Edition Elbe & Flut, Hamburg 2010.

Letzten Endes hat sich hierbei der Wille der überwiegenden Bevölkerung durchgesetzt. Die Konsequenzen der UNESCO haben in der Stadt Dresden keinerlei Wirkung ausgeübt. Klar ist, dass sich der Welterbestatus auf kleinere und scheinbar unbedeutendere Orte wie das deutsche Quedlinburg touristisch in jedem Fall auswirkt. Für größere Städte wie Wien oder Dresden bleibt fragwürdig, ob der Titel „Weltkulturerbe" noch zusätzliche Besucher*innen anlockt. Schattenseiten des UNESCO-Weltkulturerbes wie die „Disneyfizierung" von Städten oder das Phänomen des „Overtourism" werden in den kommenden Jahren immer größer werdende Rollen spielen. Die UNESCO wird sich vor diesen Themen nicht ewig verschließen können und vor allem beim „Overtourism" im Sinne der Nachhaltigkeit tätig werden müssen. Monetäre Macht übt die UNESCO in westlichen Ländern quasi keine aus. Finanziell unterstützend tritt sie in eher ärmeren Ländern auf, weswegen die Konsequenzen dort auch höheres Gewicht als zum Beispiel in Dresden haben.

Trotz der zweifelhaften touristischen Auswirkungen, kann als unbestritten behauptet werden, dass sich der UNESCO-Weltkulturerbestatus mit Sicherheit auch in größeren Städten auf die Bekanntheit auswirkt.

Städte wie Hamburg zeigen, dass sich der Weltkulturerbestatus und Stadterneuerungsprozesse nicht per se widersprechen. Ganz allgemein geht in den letzten Jahren der Trend in Richtung nachhaltiger Stadterneuerung. Diese Herangehensweise verträgt sich dann auch wesentlich besser mit Stadterhaltungsmaßnahmen, als es meterhohe Wolkenkratzer tun.

Literaturverzeichnis:

- Gert Kähler: Geheimprojekt HafenCity oder Wie erfindet man einen neuen Stadtteil? Hrsg. v. Volkwin Marg. Dölling und Galitz, München/Hamburg 2016.

- Ralf Lange u. a.: HafenCity + Speicherstadt. Das maritime Quartier in Hamburg. Junius-Verlag, Edition Elbe & Flut, Hamburg 2010.

- Altrock, Uwe: Quartiersentwicklung und Welterbe – Herausforderungen und Tendenzen. In: Welterbe, Denkmäler: Herausforderungen und Ambivalenzen der Erinnerungskultur. HCU Hamburg 2015.

- Reuband, Karl-Heinz: Der Dresdner Brückenstreit Und Das Weltkulturerbe. Der Einfluss Kultureller Wertorientierungen Auf Die Einstellungen Der Bürger. Sociologia Internationalis 53.2 2015.
- Daniels, Uwe: Die Bedeutung der UNESCO-Welterbestätten für den Tourismus in NRW, dargestellt an den Beispielen von Bad Aachen und Essen. Magisterarbeit, Technische Hochschule Aachen 2004.

- Frühauf, Markus. : Einzigartiges Weltkulturerbe Deutschland - Österreich - Schweiz. Gütersloh [u.a.]: Wissen-Media-Verlag 2009. Print. Bertelsmann Atlantica.

- Ko Koens, Albert Postma, Bernadett Papp: Is Overtourism Overused? Understanding the Impact of Tourism in a City Context. In: Sustainability. Band 10, Nr. 12, 2018.
- De Frantz, Monica: From Cultural Regeneration to Discursive Governance: Constructing the Flagship of the 'Museumsquartier Vienna' as a Plural Symbol of Change. In: International Journal of Urban and Regional Research 29 (2005-03).

- Stadtpsychologie: https://stadtpsychologie.at/der-canaletto-blick-und-das-heumarkt-projekt/ (02.02.21).

- UNESCO: http://whc.unesco.org/pg.cfm?cid=31&id_site=1033 (21.01.21).

- Österreichische UNESCO-Kommission: https://www.unesco.at/kultur/welterbe/unesco-welterbe-in-oesterreich/historisches-zentrum-von-wien (21.01.21).

- Alan E. Bryman: The Disneyization of Society. Sage Publications 2004.

- Tauschek, Markus: Kulturerbe. Eine Einführung. Berlin: Reimer Verlag 2013.

- S. Siegesmund, C.-H. Friedel, J. Vogel, S. Mosch, D. Naumann, A. Peter, H. Giesen: Stability assessment of sandstones from the St. Servatius Church in Quedlinburg (UNESCO's World Heritage Site, Germany). In: Environmental Earth Sciences 63/ 2011.

Abbildungsverzeichnis:

- https://www.wien.gv.at/stadtentwicklung/grundlagen/weltkulturerbe/zentrum.html

- https://orf.at/stories/3111972/